TSUKUBASHOBO-BOOKLET

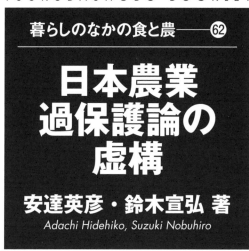

暮らしのなかの食と農───62

日本農業過保護論の虚構

安達英彦・鈴木宣弘 著

Adachi Hidehiko, Suzuki Nobuhiro

筑波書房ブックレット

表紙写真＝Hamatti（photoAC）
表紙デザイン＝古村奈々＋Zapping Studio

目次

1．序章——コロナの渦中でも浮上する農業過保護論

　新型コロナウイルスの問題は、農畜産業や漁業にも大きな衝撃を与えている。特に外食需要が激減したことの波紋は大きく、行き場のない和牛やまぐろの在庫が一時積み上がった。

　そこで、政府の緊急対策の一環として、国産牛や魚介と交換できる「お肉券」、「お魚券」の配布が提案されたのだが、それが報道されるやいなや世論は大炎上した。誰もが苦労しているときに、特定の食品にしか使えない商品券を出すとは、利権で結びついた族議員と業界の横暴だという非難であった。現場の苦境を何とか早急に救いたいとの思いが、逆に大きな非難の的にされるという極めて残念な結果となってしまった。

　日本の農家は長年、不条理なバッシングに苦しめられている。特に、貿易交渉の行きづまりなどで「外圧」が強まると、世論やマスメディアへの印象操作かのような農業過保護論が再燃してきた。その背景には、GDPへの寄与が小さい農業は捨てて、他の輸出産業をもっと優遇しようという経済効率最優先の国策がある。農業を外国に生贄（いけにえ）として差し出しやすくして、代わりに自動車などを守ろうとしているのである。

　だが、日本の農業が決して過保護でないことは、様々なデータを客観的に見れば明らかだ。その最も雄弁な証拠は、今や先進国の中で群を抜いて低い37％という日本の食料自給率である。もし関税が高ければ、これほど輸入は増えないし、関税が低くても農家所得に十分な補填があれば、国内生産は増えるはずである。しかしそうなっていないということは、日本の食料市場の開放度が過度に高く、農業支援も十分ではないからである。

　しかも政府は、すでに少ない農業支援をもっと削減しようと躍起になっている。近年は既存農家からビジネスを引き剥がす法律が次々と成立したり、自由貿易協定もTPP11、日EU、日米と立て続けに締結されて、農家の経営環境は畳みかけるように悪化している。特に牛肉は、日米協定が発効した2020年1月だけで輸入が1.5倍になるなど、想定以上の打撃を受けた。その矢先、コロナ問題が追い討ちをかけたのである。

　食品購入券の発行は、生産者を救済しながら消費者も迅速に支援できる有効な方法だ。米国ではコロナ禍を受けて、すでに農業予算の64％を食品購入カードの支給にあて、一定所得以下の人々の食費支援を行っている。加えて190億ドル（約2兆円）規模の追加支援も発表されており、生産者への直接給付に約1.7兆円、農産物買上げと困窮者への配布に約3,000億円が使われる。また、米国では日頃から価格下落時の農家への差額補填も充実している。

　イギリスやスイスなどでも、常に農業所得の90％以上が補助金でまかなわれているほど手厚い保護政策がある。だが、日本では農業所得の補助金割合は約30％、水産にいたっては2割に満たない。後に詳しく述べるように、他の様々なデータからも、日本の農業保護度はむしろかなり低いことがよくわかる。

　世界的に最も自力で競争しているのが日本の農林水産業。その努力に報いる救済措置は、結果的に国民の食生活を守るためにある。それが過保護だと誤解されて、国民を敵に回してしまうのでは元も子もない。日常的な農家へのサポート体制を充実させるとともに、危機が起きたら最低限の補填が確実に届くように、日頃から制度を準備しておく必要がある。

　しかし、国民の理解がなければ、政策に税金を使うべきではない。

米国において酪農は「公益事業」と表現されることもあるように、他国には依存できないことを国民が納得しているからこそ、徹底した保護を継続できるのである。日本でも食料・農業政策によって得られる国民全体の利益をわかりやすく示し、納得を得なければならない。

日本農業過保護論の「虚構」を崩し、正しい議論を喚起することが非常に重要になっている。そのために筆者らは、これまで様々なデータ分析と情報の発信に努めてきた。本書はそれらをコンパクトに再構成したものである。

2．コロナ禍に続く世界食料危機の恐れ——国連の警告

AFP（時事通信ニュース）によれば、現在進行中の新型コロナウイルス危機を受けて、国連専門機関のFAO（食糧農業機関）、WHO（世界保健機関）およびWTO（世界貿易機関）が共同声明を出し、世界的な食料不足の可能性を警告した。目下のコロナ危機に各国が適切に対処できなければ、「食料品の入手可能性への懸念から、輸出制限のうねりが起きて、国際市場で食料品不足が起きかねない」というのである。

これは根拠のない脅しではない。かつてもリーマン・ショックの混乱が波及して、コメの生産国であるインドとベトナムがコメの国内価格上昇を避けようと輸出規制を行った結果、コメの国際価格が急騰し、輸入できなくなった一部の発展途上国で激しい暴動が起きた。

コロナ危機でも、多くの国がウイルス拡散を防ぐために都市封鎖（ロックダウン）などに踏み切ったが、住民の不安がパニック買いを誘発し、スーパーマーケットの陳列棚は空になった。こうした事態を受けて、ロシアは小麦の国内価格上昇を防ぐための備蓄放出をすでに

開始しており、輸出規制も検討中と報じられている。コメについても、主要輸出国のベトナム、インドなどが輸出規制に踏み切る可能性があるという。

　また、都市封鎖と人の移動制限によって、食品の製造・輸送・流通に関わる労働力の確保が難しくなっている。イタリアとフランスではスーパーマーケットのレジ係が感染した例もあり、一部の労働者は感染予防措置や防護具が不十分だとして職場を放棄した。米国でも、高級スーパーのホールフーズマーケット（Whole Foods Market）で職場放棄が起きた事例がある。

　より長期的には、農業労働力が不足して、食料生産自体に影響が出てくるだろう。米国では、メキシコからの季節的労働者が入れなくなれば、多くの農場が立ち行かなくなる。西欧でも北アフリカと東欧からの労働者が不足して同様の結果を招きかねない。（以上、AFPBRニュース2020年4月2日記事より）

　こうしたコロナ対策による物流寸断や人の移動制限などの影響が農業生産にも波及して、世界的な食料危機へと発展する可能性が懸念されている。現時点では、小麦、大豆、トウモロコシの国際相場は大きく変動していないが、コメはかなり上昇している。食料の輸入依存度が高い日本や途上国には、2008年の危機の再来が頭をよぎる。

3．食料危機の本当の教訓（1）──「貿易自由化」が生む危機

　世界的な食料危機は、市場が正常な調整力を失った場合に勃発するが、国際農産物市場は近年ますます不安定化しており、コロナ禍が深刻な食料危機へと発展する懸念は決して杞憂ではない。

　国際農産物市場の不安定化要因については、過去の食料危機の経験

から、大きく2つの要因があぶり出された。その1つめは、本章で説明する「寡占性」という市場構造上の問題にあり、2つめは、次章で説明するように、農産物が人々の生命に直結する最重要の「必需品」だという点にある。

　まず、1つめの「寡占性」の問題について説明しよう。

　市場とは、変動する価格水準をシグナルとして需給を自律的に調整し、取引を安定化させる機能をもっている。この機能がうまく働く条件を揃えてあげれば、深刻な危機は未然に防ぐことができる。これが「完全競争市場」の理論であり、「自由化して市場に任せておけば、すべてうまくいく」という貿易自由化推進論の大前提になっている。

　ところが実際には、自由化が進めば進むほど、国際農産物市場は完全競争に近づくどころか、逆に「不完全競争」の度合いが増しているという事実がある。なぜなら、関税削減などが進んで国内農業を守れなくなると、安い輸入に頼って食料生産を縮小する国が増え、必然的に輸出の流れも淘汰されて、少数の強者に生産力が集中する「売り手寡占化」が進行するからである。

　売り手寡占の状態では、たとえ1ヵ国の輸出量の変動や輸出規制でも需給バランスが大きく崩れて、価格変動が生じやすい。また、この性質を利用した高値期待で投機的な取引も起こりやすくなり、投機マネーが大量に入ったり、不安心理によって輸出規制も起きやすくなる。したがって、ひとたび需給要因にショックが加われば、その影響が「バブル」のように増幅されて、危機的な事態にも発展しやすい。

　輸出規制については「国際条約で禁止すればよいだけだ」との見解もあるが、これは現実的には無理な話だ。最低限の食料確保は国家の最重要の責務なのである。仮に国際ルールに禁止条項ができたとしても、いざというときに自国民の食料をさておいて、海外に供給してく

れる国はないだろう。もしあったとすれば、それは国家の責務を放棄している国だと言えよう。

　ところが、自由化推進論者からは逆の主張も耳にする。たとえば「2008年のような食料価格高騰が起きるのは、農産物の貿易量が少ないからであり、自由化を推進して貿易量を増やすことこそ、食料価格の安定と食料安全保障につながる」といった主張である。だがこれは、食料危機には「人災」の側面があるという重要な真実を見逃した、間違った論理である。

　近年の食料危機の背景には、大国の思惑や経済問題がからむ「人災」の側面があったことを見逃してはならない。特に注目すべきは、米国の世界食料戦略である。米国は、自国の多額の農業保護は温存しつつ、他国には「安く売ってあげるから非効率な農業はやめたほうがよい」といって市場開放を迫り、関税を下げさせてきた。それによって、基礎食料を輸入に頼る国が増えて生産国が減り、米国をはじめとする少数の輸出国に食料供給を支配される構造がつくられてきた。すると、ひとたび需給にショックが生じると、不安心理から輸出規制が起きたり投機マネーが大量に入ったりして、価格高騰がバブルのように増幅される。

　こうした「人災」による価格高騰の実態を、2008年のトウモロコシ価格高騰のケースについて定量的に検証した分析を紹介しよう。

　図3-1は、トウモロコシ価格と在庫率との関係を示している。需給変動は在庫率に集約して表れるので、在庫が減れば価格が上がる関係性が観察されるのが通常であり、図を見ても、2007年までは価格と在庫水準との間に一定の経験則が観察される。だが、2008年には経験則では説明できない激しい価格上昇が生じている。国際トウモロコシ需給モデル（高木英彰氏構築）を使ったシミュレーション分析によれば、

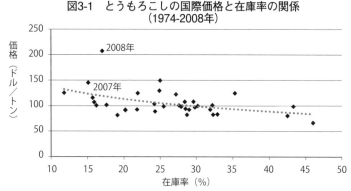

図3-1　とうもろこしの国際価格と在庫率の関係
（1974-2008年）

出所：在庫率データはUSDA，価格データはReuters Economic News Serviceによる月別価格の
単純平均。いずれも農林水産省食料安全保障課からの提供。

2008年6月時点の1ブッシェル当たりトウモロコシ価格6ドルのうち、通常の需給要因で説明可能な部分は約3ドルで、残り約3ドルは需給要因以外の要因によって生じた価格上昇であることがわかった。需給要因以外の要因とは、輸出規制への不安や投機マネーが生んだバブルであったと考えられる。

「自由化すれば、完全競争市場に近づく」といった机上の理論を妄信するのではなく、現実の市場を観察することがきわめて重要である。現実の市場では、自由化しすぎて自給率が下がり、輸出規制に耐えられない途上国が増えているのに、解決策は貿易自由化だからもっと自由化しろというのは、過去の危機から何も学んでいない論理破綻である。

しかし、コロナ禍を受けたFAO、WHO、WTOの共同声明でも、輸出規制の抑制を輸出国に求めると同時に、食料貿易を可能な限り自由化することの重要性が指摘された。このようなプロパガンダを発端に、コロナ禍に乗じたショック・ドクトリン（災禍や社会不安を利用

した過激な規制緩和推進）が広がる可能性もあり、注意が必要である。

　現状で重要なことは、食料確保が一時的に困難になる事態はいつか起こり得るとの基本的認識をもち、日頃からの備えを充実させることである。かといって需給逼迫はいつまでも続くものではないので、過度に不安をあおることは不要だが、少なくとも数年間もちこたえる食料生産基盤を自国で確保しておくべきであろう。そのためには、戦略なき自由化を反省し、食料自給率のいっそうの低下に歯止めをかけなければならない。

4．食料危機の本当の教訓（2）──食料は戦略物資

　前章でも述べたように、食料危機時の輸出規制を他国が禁止することは難しい。なぜなら、食料とは人々の命に直結する最重要の「必需品」であり、軍事・エネルギーと並ぶ国家存立の３本柱の１つだからである。このことが、国際農産物市場が不安定化しやすい大きな要因の１つにもなっている。

　米国は食料を、世界をコントロールできる一番安い武器だと考えている。米国が他国に市場開放を強硬に求めるのは、余剰農産物のはけ口としても必要だが、それだけでなく、世界を支配する食料戦略としても重要だからである。

　米国がいかに戦略的かを物語るエピソードがある。米国のウイスコンシン大学の教授が農業経済学の授業で、「君たちは米国の威信を担っている。米国の農産物は政治上の武器だ。だから安くて品質のよいものをたくさんつくりなさい。それが世界をコントロールする道具になる。たとえば東の海の上に浮かんだ小さな国はよく動く。でも、勝手に動かれては不都合だから、その行き先をフィード（feed）で引っ張

れ」と話していたというのである（当時の日本人留学生として大江（2001）に紹介されている）。つまり、日本の家畜飼料をすべて米国から供給すれば、日本の畜産を完全にコントロールできる。これを世界に広げていくのが米国の食料戦略なのである。

　実際に、米国の食料戦略に巻き込まれて世界の人々の命が振り回される悲劇も起こっている。たとえばメキシコは、1994年にNAFTA（北米自由貿易協定）を締結し、主食のトウモロコシ関税を撤廃したために国内生産が激減したが、米国から買えばいいと思っていたら、米国のバイオエタノール政策の影響でトウモロコシ価格が暴騰して買えなくなった。

　ハイチの例も象徴的である。ハイチでは、IMF（国際通貨基金）の融資条件として1995年にコメ関税を３％まで引き下げることを米国に約束させられたため、輸入依存が大幅に高まっていたところに、2008年の世界的コメ輸出規制に直面した。エルサルバドル、フィリピンなどでも同様に、主食が手に入らなくなって激しい暴動が起こり、死者まで出る非常事態となった。

　IMFや世界銀行は米国の影響が強く、途上国に対しても農産物関税の撤廃などを強硬に迫るが、米国自身は手厚い農業支援や輸出支援を温存している。米国はしばしば "level the playing field（対等な競争条件を）" と言って、輸入国には徹底した規制緩和を要求するが、実はその内容は全く対等ではなく、米国を有利にしているだけである。米国の真の目的は、農産物を大量に買わせて相手国の「非効率な」農業を静かに駆逐し、暗黙の支配関係を築くことなのである。

　一方、米国は食料生産を国家安全保障の問題として明確に位置づけ、自国の農業は多額の国家予算を投じてしっかり守っている。ブッシュ元大統領は、農業関係者への演説で次のような話をよくしていた。「食

料自給はナショナルセキュリテイの問題だ。皆さんのおかげでそれが常に保たれている米国はなんとありがたいことか。食料自給できない国を想像できるか。それは国際的圧力と危険にさらされている国だ」。米国の求めに応じて関税撤廃などを次々と推し進める日本への皮肉のような演説である。

　米国が行っているのは、まさに「攻撃的な保護」（荏開津、1987）である。あまりにも理不尽だが、米国がこれほどまでして農業を保護しているという事実から、我々は何を学ぶかということも重要である。命を守り、環境を守り、国土や国境を守っている農業を国民みんなで支えるのは、米国のみならずEUやカナダやオセアニアなど欧米の国々では当たり前のことなのである。

　だが、それが当たり前でないのが日本である。日本では食料の重要性への認識が薄く、食料問題を他人事のように思っている消費者も少なくない。だから、安い牛肉に飛びついて、米国に胃袋を支配されていく怖さに気づいていない。

5．食料危機の本当の教訓（3）
——「価格高騰で生産者が潤う」は誤解

　国際価格が高騰すれば、消費者は困るが、生産者は利益が増えて得をするのではないか、という人もいるが、これは間違っている。

　2008年の穀物価格高騰の際、日経新聞の記事「アジアで農業支援相次ぐ」（2008年7月18日、6面）でも指摘されていたように、東南アジア諸国やインドでは肥料・燃料・飼料費の高騰で生産コストが大幅に上昇したが、農家の手取り価格の上昇は非常に小さかった。輸出業者や中間業者の買いたたき行為によって、輸出価格が上がっても農家に

は十分に還元されなかったためである。したがって、政府はむしろ農家支援に乗り出さなくてはならなかった。

　大きな資本力をもつ輸出業者や仲介業者、プランテーション経営者などが取引利益の大部分を受け取っていることが多いので、農産物の輸出価格が上昇しても、末端の零細農家の利益は縮小される傾向がある。この現象を定量的に検証した先駆的取組みとして、カンボジアのコメ市場を対象とした分析（Chamrong and Suzuki, 2005）がある。

　この分析で計測された「価格伝達性」とは、輸出価格が1単位上昇したときに、農家受取価格がどれだけ上昇するかを示す指標である。仮に、輸出業者と農家の間で公平な取引（完全競争）が行われていた場合には、輸出価格1単位の上昇に対して農家受取価格は1単位上昇するので、価格伝達性は1となる。

　表5-1に示した計測結果によると、カンボジアのコメに関する価格伝達性の値は、1996年には1、つまり輸出価格1リエルの上昇に対して農家受取価格もほぼ1リエル上昇する公平な関係が見られていた。しかし、農家の取り分は年を追って低下し、2002年の価格伝達性の値は0.4、つまり輸出価格1リエルの上昇に対して農家は0.4リエルしか受け取っていない。0.4というのは、ほぼ「買手独占」であり、農家搾取の度合いが高い状態を示す。表5-2には、ほぼ同様のことがベトナムのコメについても言えることが示されている。

　ただし、この分析では仲買人が受け取る取引費用が考慮されていないので、農家搾取の度合いが過大に計測されている可能性は否めないが、仲買人の取り分が以前よりも増えていることは明らかである。

　以上のような農家搾取の問題は、途上国に限ったことではない。日本でも2008年の飼料価格高騰時には酪農の生産コストが大幅に上昇したが、スーパーマーケットでは牛乳・乳製品の小売価格への転嫁がな

表 5-1　カンボジアのコメ市場における価格伝達性の推計

1996 年	1997 年	1998 年	1999 年	2000 年	2001 年	2002 年
1.073	0.725	0.886	0.771	0.486	0.483	0.401

出所：Chamrong and Suzuki（2005）による推計結果。

表 5-2　ベトナムのコメ市場における価格伝達性の推計

2002 年	2003 年	2004 年	2005 年	2006 年	2007 年
0.612	0.610	0.560	0.505	0.495	0.485

出所：安田（2011）による推計結果。

かなか進まず、赤字に苦しむ酪農家や畜産農家の廃業が相次いだ。

　ここで、日本の酪農協と乳業メーカー、スーパーの３者間の取引交渉力の優劣関係について分析したKinoshita, et al.（2006）の研究を紹介しよう。この分析では、もし取引の双方の交渉力がちょうど対等であれば0.5対0.5、片方が圧倒的に優位であれば１対０または０対１となる指標が計測されている。ただし、飲用牛乳の取引のみに関する分析であることと、やや古い1987～2000年のデータを使った分析であることに注意が必要である。

　その計測結果によれば、メーカー対スーパーの交渉力バランスはほぼ０対１で、スーパーが圧倒的に優位であることが示唆された。一方、酪農協対メーカーの交渉力バランスには幅があり、酪農協の力を最大限に見積もると0.5対0.5、最小限に見積もると0.1対0.9と計測された。つまり、酪農協とメーカーはほぼ対等か、またはメーカーの方がかなり優位である可能性が示された。

　加えて、この分析ではスーパーの同業者間の競争度（水平的競争度）が0.0097（ほぼゼロ）と計測され、「完全競争」に近い激しい競争状態にあることが示唆されている。この結果は、「日本のスーパーは強いのか弱いのか」という疑問へのわかりやすい回答になっている。すなわち、日本のスーパーは、スーパー間の競争では「弱い」ので、他

のスーパーに客を奪われやすく、小売価格の値上げ（価格転嫁）が難しいが、乳業メーカーに対しては圧倒的に「強い」ので、仕入れ価格は抑制されやすいのである。

　以上の分析結果も示唆しているとおり、国際価格の高騰で生産者の利益が増えるというのは誤解である。巨大化した小売資本に対して、個別農家の交渉力が圧倒的に弱いのはもちろんだが、農家が結集した農協の力も日本では弱く、小売価格への転嫁はなかなかスムーズにはいかないのである。

6．食料危機の本当の教訓（4）——農協はなぜあるのか

　欧州では、小売価格への転嫁が食料危機の際にも比較的早く進んだ国があった。その代表例が、1つの農協で2国がほぼ独占状態のデンマークとスウェーデンである。欧州では日本とは逆に、酪農協の多国籍化や酪農協と乳業メーカーとの大型合併が猛烈な勢いで進んでいる。

　米国でも、酪農協は大規模化への道をまい進している。たとえば、全米展開していた酪農協DFA（Dairy Farmers of America）は、米国1位の乳業メーカー Suiza Foodsに吸収された後、飲用乳メーカーとして米国トップの「新生」Dean Foodsと独占的な完全供給契約を締結し、全米のDeanプラントの必要生乳量の80％を供給している。

　ニュージーランドでも、2つの最大手酪農協とデーリィボードが2001年に統合して「フォンテラ」という巨大な乳業メーカーとなり、それと豪州の最大手組合系メーカーの1つであるボンラックとが業務提携して、今では世界中で業務展開する多国籍企業になっている。

　このように、欧米諸国で酪農協の広域化や乳業メーカーとの大型合併が進んでいるのは、ガルブレイス（1908-2006年、経済学者）の言

う「カウンタベイリング・パワー」(拮抗力) を形成するためである。すでに巨大化している小売資本の強大な交渉力に対しては、生処サイドも当然、大規模化や連携によって交渉力を強化しなければ公平な取引は行えない。

　ところが、日本では逆に、農業協同組合に対する独占禁止法適用除外の特例を廃止すべきとの議論が強まっている。だが、そもそも農協にこの特例が与えられた背景となった、生産サイドに不利な取引交渉力のアンバランスはまだ消滅していないし、スーパーマーケットなどが以前にもまして巨大化し、不当な「買いたたき」も実際にある。そのような中で、農協に独占禁止法を適用せよという議論は、問題にすべき対象が逆なのである。

　米国ではCapper-Volstead法という法律によって、農協は反トラスト法（米国の独占禁止法）の適用除外となっている。もちろん農協による「不当な価格つり上げ」と見なされる状況があれば、独占禁止法上の是正措置が求められるが、それをもって共販自体を認めないということにはならない。

　他方、イギリスはこうした流れに逆行して、生乳の一元販売組織であったミルク・マーケティング・ボード（MMB）を1994年に強制解体し、生産者組織を細分化したが、その結果として生産者が買いたたきにあい乳価が暴落した。日本はこうしたイギリスの経験を反面教師とするべきだろう。

7．輸出国の「競争力」の虚像――米国のコメ農家支援の事例

　貿易自由化の進展は、少数の輸出国に生産力を集中させて、国際農産物市場をますます寡占化させている。特に米国や豪州などは、他国

に市場開放を強く迫り、輸出拡大競争を展開している。これらの国で
はなぜ農業の競争力が高いのだろうか。

　もちろん広大な農地面積や安い労働力などの条件の違いもあるが、
それだけではない。見逃してはならないのは、米国や豪州のような輸
出大国の競争力も、非常に手厚い農業保護政策によって支えられてい
るという点である。

　実は、米国のコメ生産費は、労賃の安いタイやベトナムよりもかな
り高い。したがって本当の意味の競争力からすれば、米国はコメの輸
入国になるはずである。にもかかわらず、米国内のコメ生産の半分以
上も輸出できるのは、政府による手厚い保護政策があるからである。

　米国のコメの価格形成システムを、日本のコメ価格水準に置き換え
て簡略化した**図7-1**を使って説明しよう。仮にコメ1俵当たりローン
レート（融資単価）を12,000円、固定支払い2,000円、目標価格（農家
受取価格）18,000円とした場合、生産者が政府にコメ1俵を質入れし
て12,000円を借り入れ、国際価格水準4,000円で販売すれば、その4,000
円だけを返済すればよい「マーケティング・ローン」と呼ばれる制度
がある。12,000円借りて4,000円で販売し、4,000円だけ返せばよいので、
8,000円の借金は棒引きされて、結局12,000円が農家に入る。これに加
えて、固定支払いとして常に2,000円が上乗せされる制度もあった（こ
の固定支払いは2014年農業法で廃止された）。以上で計14,000円だが、
まだ目標価格18,000円には届かないので、不足払いとして4,000円が政
府から支払われる。また、マーケティング・ローンを使わない場合で
も、「融資不足払い」という制度を使えば、1俵4,000円で市場で販売
すると、ローンレートとの差額8,000円が政府から支給される。

　「不足払い」の部分については、過去には減反が要件であったもの
が96年農業法で廃止され、代わりに、場当たり的に発動される「市場

図7-1　米国の不足払い（日本のコメ1俵当たり価格で例示）

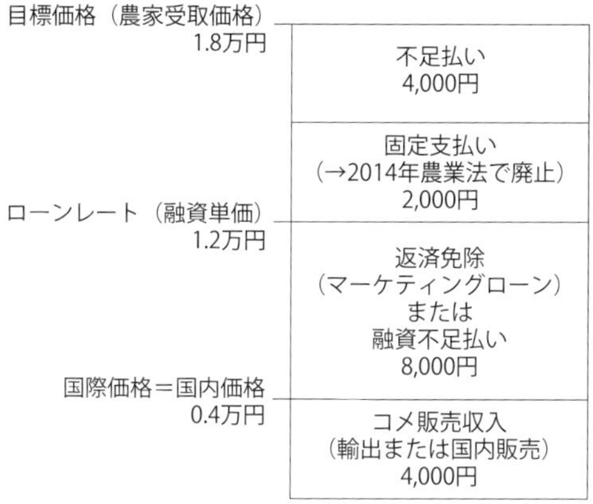

目標価格（農家受取価格）
1.8万円

不足払い 4,000円
固定支払い（→2014年農業法で廃止）2,000円
返済免除（マーケティングローン）または融資不足払い 8,000円
コメ販売収入（輸出または国内販売）4,000円

ローンレート（融資単価）
1.2万円

国際価格＝国内価格
0.4万円

出所：鈴木宣弘・高武孝充作成。

損失支払い」で毎年追加補填されていた。これが2002年農業法以降システマティックに発動されるように、いわば「復活不足払い」とも言うべき「countercyclical支払い」へと移行した。

　つまり、生産費を保証する目標価格と輸出可能な価格水準との差（ここでは14,000円）が、3段階で全額補填されている。具体的には、2001年以前は「マーケティングローン（または融資不足払い）、固定支払い、市場損失支払い」の3段階、2002年以降は「マーケティングローン（または融資不足払い）、固定支払い、復活不足払い」の3段階である。

　このように、販売価格は安くても、生産者には増産できるだけの補填がなされる。必然的に過剰生産が生じるが、価格は安いので輸出が可能である。もともと日本よりも安い農産物を、さらに補助金を投入して、不当に安くして海外で売りさばいているのである。しかも、このような措置はコメだけでなく、米国では小麦、大麦、トウモロコシ、大豆、綿花、ソルガムなどにも使われている。

　加えて、米国に有利な貿易協定を世界中に増やすことも、輸出力強化の重要な手段になっている。たとえば、TPP（環太平洋パートナーシップ協定）のコメに関する合意内容を確認しておこう。日本は77万トンのWTO枠に追加して、米豪向けに当初5.6万トンから13年目以降は7.84万トン（うち米国向け7万トン）、玄米なら1.1倍の8.62万トンにおよぶ追加輸入枠（SBS＝業者間の売買同時入札方式）を供与し、さらにWTO枠77万トンの中にも実質的な米国枠となる6万トンの中粒種・加工用限定輸入枠（SBS）を提供した。この6万トンは、協定に米国枠と明記すればWTO違反になるため記述はないが、当初から米国枠として設定されたことは周知のとおりである。しかも、従来からWTO枠77万トンの約半分が米国枠であったから、TPPによる追加供与分を加えると、米国には毎年約50万トンの対日輸出枠が保証されることになった。

　本来の競争力からすれば、米国はこれほどの対日コメ輸出を確保できない。「FTA＝自由貿易協定」とは名ばかりで、実際には「自由貿易」の真逆を行く不公平な貿易を押し付けられているのである。

8．「自由貿易」の不都合な真実
——規制を逃れた多額の輸出補助金

　前章で説明した米国のコメなどへの不足払いは、政府の補助で輸出価格を低下させているから、明らかに輸出補助金に相当すると考えられる。一方、2004年8月に成立したWTO農業交渉のドーハ・ラウンドの枠組み合意では「あらゆる形態の輸出補助金」を一定期限内に撤廃することが合意されており、米国もこれに従って輸出補助金をゼロに削減したはずである。にもかかわらず、不足払いによる輸出補助が

まだ使われているのはなぜか。

　実は、WTOが撤廃対象とした輸出補助金は、ごくわずかな「氷山の一角」でしかない。米国の不足払いのように、WTOの規制をうまく逃れた「隠れた」輸出補助金が、世界にはまだ多額に残っているのである。

　WTOがすでに削減対象に指定している輸出補助金を、ここでは「クロ」の輸出補助金と呼ぼう。これは、生産者価格と輸出価格との差を政府が負担する形の補助金である。簡単な数値例で示すと、ある輸出国が国内向けを100円、輸出向けを50円で販売し、政府が輸出向け販売量に対して国内価格と輸出価格との差額50円分を補填するような措置である。**図8-1**で示すと、輸出補助金の金額は黒い四角形の面積となる。

　驚くのは、このようなクロの輸出補助金を、2004年のドーハ・ラウンド枠組み合意の時点では米国やEU、ケアンズ諸国などの農産物大輸出国が多額に使っていたということである。つまり、元々日本よりも生産コストの安い農産物に、さらに補助金を投入して安くして輸出

図8-1　WTO上の「クロ」の輸出補助金

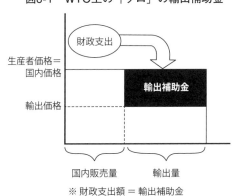

しているのである。

　しかも、削減対象のクロの輸出補助金はWTOルールに従って減っているが、米国の不足払いのような「隠れた」輸出補助金は、今でも野放しである。実は、全世界で使われている「隠れた」輸出補助金の金額は、削減対象のクロの輸出補助金よりもはるかに多額にのぼると考えられている。

　たとえば、米国はクロの輸出補助金を1999年時点で8000万ドル使っており、それはドーハ・ラウンドで約束したとおり2010年にはゼロにした。ところが、それ以外に米国が使っている「隠れた」輸出補助金は、コメ、小麦、トウモロコシの3品目だけの合計で約1兆円との試算（安達・鈴木、2006）がある。この他にも、酪農、大豆、大麦、ソルガム、綿花などで同様の措置がとられているという。

　米国の農業の競争力の源は、輸出補助金にあると言っても過言ではない。米国だけでなく、豪州など世界有数の農産物輸出大国でさえも、補助金がなければ競争力を保てないのが実態なのである。だから、輸出国はWTOの規制の手が届かないように様々な工夫をこらし、輸出補助金を必死に守っている。

　一方、日本はもちろん輸出補助金を全く使っていない。また、これまで使っていなかった国が新たに使用することはWTOルールで禁止されている。日本の農産物ももっと輸出すればいいという議論が最近出てきているが、すでに使用している国は温存できるが日本は使えないという、あまりに理不尽な競争を強いられている。

　このように、輸出国側は多額の「隠れた」輸出補助金を使い続けるが、他方で輸入国側には徹底した関税削減が要求されている。このままでは、開放された輸入国の市場に、輸出補助金で不当に安くされた農産物が大量になだれ込む。

　したがって、輸出国側も公平に規制下に置くことが喫緊の課題となっている。そのためには、様々な「隠れた」輸出補助金が、WTOルール上クロの輸出補助金といかに同じであるかを理論的に明確にする必要がある。

　そこで、以下では主要国が実際に使っている代表的な措置の仕組みを解明していこう。

９．「隠れた」輸出補助金の具体例（1）
──財政負担型の事例

　「隠れた」輸出補助金には非常に多くのバリエーションがあるが、輸出補助部分の原資の違いによって、つぎの２つのタイプに分類できる。１つめは、本章で解説する「財政負担型」であり、２つめは、次章で解説する「消費者負担型」である。

　財政負担型のタイプでは、政府から生産者への直接支払の一部が、結果的に輸出補助金と同じ効果をもつ。これには２つのパターンがあり、１つめは、７章で指摘した米国の穀物などへの不足払いのように、輸出国の国内市場を歪曲しない（つまり「輸出価格＝国内価格」）もの、２つめは、小林（2005）が指摘したEUの砂糖やインドのコメ・小麦のケースのように、プール価格制度や生産者個別の国内販売と輸出との販売枠（クオータ）制度などがセットになって、輸出国の国内市場を歪曲するものである。

①米国の穀物のケース

　米国の穀物などへの不足払いでは、国内価格は輸出価格に等しいが、３段階の生産刺激的な直接支払によって生産者受取価格が引き上げら

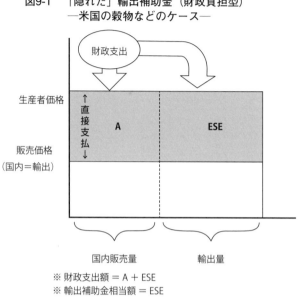

図9-1 「隠れた」輸出補助金（財政負担型）
―米国の穀物などのケース―

※ 財政支出額 ＝ A ＋ ESE
※ 輸出補助金相当額 ＝ ESE

れている。輸出分も含めた生産量全体に対して補填がなされているので、**図9-1**を見れば明らかなように、実態としてはWTO上のクロの輸出補助金部分（ESE）を明らかに含む補填である。

　では、この措置がWTOルールで規制されていないのはなぜか。それは、WTOルール上クロの輸出補助金の定義が「輸出を特定した（export contingent）」支払いであり、米国の不足払いでは制度設計上輸出が支払い条件とされていないから、該当しないというのである。

　すなわち、国内向けにも輸出向けにも支払っているので、輸出を特定していないという理屈である。結果的に輸出支援に使われているのは事実でも、法律論的には輸出補助金ではないという形式的な解釈がまかり通っているのである。

　こうして、本来なら輸出補助金として撤廃されるべきものが、国内

保護政策に分類されて、ゆるい削減ですまされてきた。そればかりか、「復活不足払い」（countercyclical支払い）については今後の削減対象にもならない可能性がある。この「復活不足払い」は、生産量は何年か前の水準を基準としているが、価格は現状とリンクしているから削減対象の「黄」の政策になるはずだったが、米国はEUとの合意によって、「青」の政策（＝当面削減対象から外す）の要件に「生産調整を伴わなくても現在の生産に関連しない（つまり過去の面積に基づいた支払いであり、現在何を作っても、また作らなくてもよい）」というのを入れ込んで、削減義務自体を回避しようとしている。

　このようにして、米国の不足払いは、国内保護としては削減対象となる可能性があるが、輸出補助金への規制とは無関係かのように存続している。

　なお、米国の輸出信用や食料援助は、表向きは人道目的の措置でも、実態は財政負担型の「隠れた」輸出補助金と見なすべき場合がある。輸出信用とは、焦げ付く可能性がある国に政府が保証人となって食料を信用売りし、結局焦げ付いた場合は政府が輸出代金を肩代わりする仕組みである。食料援助は、100％補助で海外へ余剰農産物を出すことができる究極の「隠れた」輸出補助と言える。いずれも米国が多用しており、特に国内価格低下時に増えていることからも、余剰処理の必要性に応じて実施されていることが各所で指摘されている。もし余剰を市場に放出すれば値崩れを起こすので、市場から隔離するために食料援助を行っていると見なせるのである。

②EUの砂糖、インドのコメ・小麦のケース

　小林（2005）の指摘にならって説明する。まず、当該国を「潜在的な」輸入国と想定する。潜在的な輸入国とは、もし保護措置が一切な

図9-2　「隠れた」輸出補助金（財政負担型）
―EUの砂糖、インドのコメ・小麦などのケース―

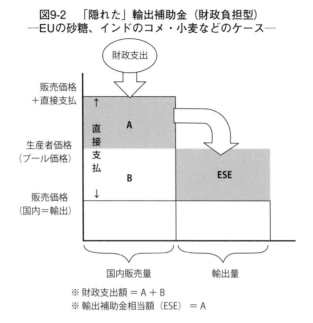

※ 財政支出額 ＝ A ＋ B
※ 輸出補助金相当額（ESE）＝ A

く、「国際価格＝国内価格」となる場合には、国際競争力がないため
輸入が生じるような国である。

　この国が、生産刺激的な（デカップルされていない）直接支払を行
うと、国内生産が増加する。さらに多額の直接支払によって国内需要
を上回るほど生産が増加すれば、余剰分を輸出に仕向けることが可能
になる。このように、輸出そのものを補助しなくても、国内保護には
本来の競争力を底上げして輸出を創出する効果がある。

　このとき、直接支払が国内販売向けにのみ交付され、生産者は「国
内価格＋直接支払」と輸出価格とのプール価格を受け取るならば、輸
出販売には直接支払がなくても、結果的に国内販売への直接支払の一
部が輸出補助として機能する。具体的には**図9-2**のとおり、輸出補助
金相当額（ESE）は、直接支払の一部である四角形Aの金額に等しい。

10. 「隠れた」輸出補助金の具体例（2）
——消費者負担型の事例

　消費者負担型の「隠れた」輸出補助金のケースでは、一部の消費者に高値で買わせた収入を原資として、輸出価格が安く抑えられている。すなわち「ダンピング輸出」の手法であり、つぎの2つのパターンがある。

　1つめは、費用負担者が「輸出国側の消費者」となるパターンであり、鈴木・木下（2001）が指摘したカナダや米国の酪農のケースが該当する。カナダの酪農では、国内と輸出の間で価格差が設定されるが、米国酪農では国内と輸出との区分が制度設計上行われておらず、この制度設計の違いが法律論的に重要なポイントとなっている。

　2つめは、費用負担者が「輸入国側の消費者」となるパターンであり、藤井（2005）が指摘したニュージーランドの酪農、および豪州の小麦のケースが該当する。これらは輸入側の消費者に原資を負担させて輸出国がもうけている点で、いっそうタチが悪いダンピングの形だと言えよう。

①カナダの酪農のケース

　カナダの酪農のケースでは、高関税で輸入を抑えつつ、国内では政府の乳製品買取りを通じた乳価下支えの下で、独占的生乳販売機関が国内価格を高く設定している。一方、余剰を低価格で輸出し、生産者には国内販売と輸出販売とのプール価格が支払われている。

　この場合、高く設定された国内価格に対して国内消費者が支払った金額の一部が輸出補助に使われることにより、ダンピングが行われている。経済学的には「価格差別」と呼ばれ、独占的企業が不当な利益

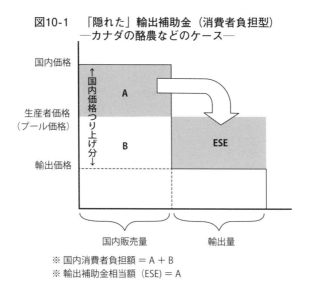

図10-1　「隠れた」輸出補助金（消費者負担型）
　　　　―カナダの酪農などのケース―

※ 国内消費者負担額 ＝ A + B
※ 輸出補助金相当額（ESE）＝ A

を得るための手法にあたる。

　図10-1で示すと、輸出補助金相当額（ESE）は、国内消費者の支払い金額の一部である四角形Aの面積に等しい。

　ただし、このカナダの措置は、ニュージーランドなどからの提訴によってWTOパネルが設置され、実質的にクロの輸出補助金にあたるという裁定がすでに下されている。だが、驚くべきことに、このカナダの措置とほぼ同じと考えられる措置がニュージーランドの酪農でも使われており、こちらはグレーのまま今も温存されている。他にも、豪州の小麦、米国の酪農など、名だたる輸出国によってほぼ同様の措置が使われている。

②ニュージーランドの酪農、豪州の小麦のケース

　ニュージーランドの酪農や豪州の小麦のように、国内販売量に対し

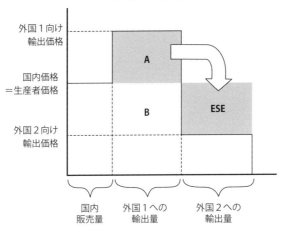

図10-2　「隠れた」輸出補助金（消費者負担型）
―ニュージーランドの乳製品、豪州の小麦などのケース―

※ 外国1の消費者負担額 ＝ A
※ 輸出補助金相当額（ESE）＝ A

て輸出販売量が圧倒的に多い場合は、前述のカナダのような国内販売
と輸出販売との価格差別ではなく、複数の輸出市場間での価格差別が
行われている。

　これは、輸出先によって需要の価格弾力性が異なることを利用してい
る。たとえば、中国などでは価格を下げると需要が大きく伸びるの
で低価格を設定し、逆に、日本などでは価格を上げても需要がそれほ
ど抑制されないため高価格を設定する。

　この場合、高価格を設定された輸入国の消費者が、輸出補助の原資
を負担していることになる。**図10-2**で示すと、輸出補助金相当額
（ESE）は、外国1の消費者の支払い金額の一部である四角形Aの面
積に等しい。

　この措置は豪州の小麦輸出でも使われている。豪州では、この措置
は国内小麦販売を独占する輸出国家貿易機関（AWB＝豪州小麦ボー

ド）によって実施されていたが、AWBの民営化に伴って輸出事業と
国内販売事業とが分割されて以降、AWBは国内販売分の排他的権限
を失い（国内販売自体は可能）、輸出販売分の排他的権限のみをもつ
機関となっている。

　AWBが民営化されたことによって、ダンピングの問題はなくなっ
たと豪州は主張しているが、これは詭弁である。なぜなら、民営化後
も、プライス・テイカーたる生産者は「AWBからのプール価格」と
「AWBを通さない国内販売価格」とが等しくなるようにAWBへの委
託販売量（およびそれ以外の国内販売量との配分）を決定している。
また、輸出市場間においてはニュージーランドの酪農のケースと同様、
輸出市場間の需要の価格弾力性の違いを利用して、より弾力的な市場
の価格を低く設定することができる。つまり、「輸出のプール価格＝
国内価格」が成立しており、貿易の歪曲は続いているとみなすのが妥
当である。

　この豪州の措置に対しては、筆者（鈴木）もジュネーブに対してペー
パーを提出して問題を指摘したが、豪州政府は、この制度を運営して
いるAWBが民営化されたことを口実にデータの提出を拒み、輸出補
助金として認定されることを妨害した。豪州は、カーギルに代表され
る多国籍穀物商社なども同様の価格差別を行っているのに、それらは
野放しで、AWBが規制されるのは受け入れられないとも主張している。

　こうして、同じようなダンピングでも、カナダの酪農のケースはク
ロ裁定が下され、カナダは廃止する方向で対応しているが、ニュージー
ランドや豪州のケースはまだWTOに提訴されておらず、シロクロの
判断の対象外となっている。

③米国の酪農のケース

　米国の酪農にも、カナダと類似の用途別乳価制度がある。つまり、飲用乳価を高く維持するよう全米2,600の郡別に政府が最低支払義務を課しているため、加工原料乳価が低く設定され、乳製品輸出が促進されており、生産者にはプール乳価が支払われている。ここまではカナダのケースとかなり似通っているが、異なるのは、カナダの場合は加工原料乳のうち輸出向けを特定して低価格が適用されているが、米国の場合は制度上、輸出向けを特定していない点である。

　しかし、実際には米国も加工向けの大きな部分を輸出しており、カナダのケースと同様、高く設定された飲用乳価に国内消費者が支払った金額の一部が、結果的に輸出補助として機能していることは間違いない。図10-3で示すと、輸出補助金相当額（ESE）は、四角形A－C

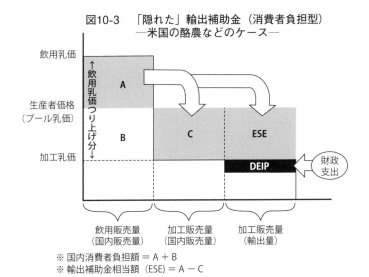

図10-3　「隠れた」輸出補助金（消費者負担型）
　　　　　―米国の酪農などのケース―

※ 国内消費者負担額 ＝ A ＋ B
※ 輸出補助金相当額（ESE）＝ A － C

注：米国酪農には削減対象の「クロ」の輸出補助金であるDEIP（Dairy Export Incentive Program）もある。

の面積に等しい。

　ところが、これも先に述べた米国の不足払いと同じ論理で、制度上は輸出を条件とした支払いではないから、WTOルール上はクロではないとされている。

　ただし、この章で説明した価格差別型の「隠れた」輸出補助金に対しては、ダンピング輸出への報復関税制度である「アンチ・ダンピング関税」によって対処することがWTO協定上も認められている。この制度では、ダンピングにより輸入国内の産業に損害が生じる場合、国内産業を保護するために、輸入品に対して正常価格（輸出国の国内価格）とダンピング価格との差額（ダンピング・マージン）の範囲内で割増関税を課すことができる。現に米国は、中南米や中国産の農産物に対して頻繁にアンチ・ダンピング関税を発動している。また、アンチ・ダンピング関税と類似の報復関税制度として、「相殺関税制度」もWTO協定に基づいて定められている。これは、輸出補助金を投入されている輸入品に対して、国内産業保護のために、当該補助金額の範囲内で割増関税を課すことができる制度である。

11. 「隠れた」輸出補助金を定量化する
──米国の穀物のケースを事例に

　「隠れた」輸出補助金をWTO上の削減対象として明確に位置づけるためには、その輸出補助効果の大きさ（輸出補助金相当額）を計測する必要がある。ここでは、米国のコメ、小麦、トウモロコシの3品目を対象として試算を行った安達・鈴木（2006）の研究を紹介する。

　試算結果は**表11-1**のとおりである。3品目の合計金額で見ると、1999年の40億7,000万ドルをピークに減少し、2003年には11億6,000万

表 11-1　米国の穀物への輸出補助金相当額試算値

(単位：100万ドル)

年次	小麦	トウモロコシ	コメ	計
1996	1,130	502	160	1,792
1997	644	812	134	1,590
1998	1,053	1,100	326	2,480
1999	1,718	1,898	456	4,072
2000	1,671	1,694	503	3,867
2001	922	1,131	419	2,472
2002	464	526	169	1,158
2003	486	479	196	1,161
2004	604	537	159	1,300
2005	520	500	198	1,217
2006	447	638	171	1,256
2007	630	628	155	1,413
2008	575	596	172	1,343
2009	420	527	153	1,099
2010	528	561	196	1,285
2011	627	506	164	1,296
2012	493	347	168	1,008
2013	635	266	165	1,066

出所：安達・鈴木（2006）による推計結果。

ドル、その後ほぼ一定水準で推移するが、2013年には10億6,000万ド
ルとなっている。

　品目別に見ると、米国はコメの輸出補助をWTOに譲許しているが、
2002年の輸出補助実績はゼロである。財政からの輸出補助金以外の
様々な国内保護措置が、200万トンを超える恒常的なコメ輸出を可能
にしていると考えられる。

　一方、WTO上削減対象のクロの輸出補助金については、WTO事務
局に提出された米国の報告書によれば、米国の使用額は2010年にはゼ
ロになっている。だが、クロの輸出補助金は撤廃しても、穀物などへ
の「隠れた」輸出補助金は依然として存在し、その金額も莫大である。

　なお、米国では農家などから拠出金を約1,000億円（うち酪農が
45%）徴収して国内外での販売促進に使っており、輸出促進部分には
同額の連邦補助金が付加される。これも「隠れた」輸出補助金であり、

輸出補助金相当額は300億円近くにのぼる。しかも、この拠出金は輸入農産物にも課しているので、この場合は「隠れた関税」に相当する。

12. 欧米諸国の価格支持の流儀
——「価格支持」と「直接支払」の二刀流

　日本が輸出補助金を使っていないことは、誰も疑わない事実である。だが、価格支持に依存した遅れた農業保護国だという批判はよく耳にする。しかし実際には、日本は価格支持も今やほとんど使っていない。むしろ日本は、価格支持を世界に先駆けて削減した優等生なのである。

　日本のコメの政府買入れはすでに20年前から備蓄米に限定されており、政府によるコメ価格支持はほぼ機能していないし、酪農の価格支持もなくなっている。その結果を削減対象の農業保護額（AMS）の変化で見たのが**表12-1**である。AMSとは、各国がWTOに通報する「価格支持額による内外価格差＋削減対象直接支払（黄の政策）」の金額である。2003年時点で、日本のAMS削減率はすでに84％と高く、絶対額では米国やEUよりも相当に少なくなっており、農業生産額に対する割合では7％と、米国と同水準になっている。

　だが、欧米諸国はしたたかである。EUでは、主要穀物と酪農については介入買入れによる最低限の価格の下支えがある。イギリスでは、生乳の一元販売組織であったMMBの解体後、食料危機時には多国籍乳業や大手スーパーに買いたたかれて乳価が暴落したが、バターと脱脂粉乳の買入れが発動されて、介入価格よりも乳価が下がることはなかった。こうした最低限の価格支持機能は保ちつつ、環境政策や地域振興といった名目で農業保護の理由付けを変更して直接支払を増やし、国民の理解を得ながら農業保護の総額を維持する工夫をしている。

表 12-1　日米欧の農業保護額（AMS）の変化

		削減対象の国内保護実績（AMS）（億円）	農業生産額に対する AMS 割合（%）	基準年 AMS からの削減率（%）
日　本	（2003 年）	6,418	7	84
	（2012 年）	6,089	7	85
米　国	（2001 年）	17,516	7	25
	（2012 年）	5,476	2	64
Ｅ　Ｕ	（2003 年）	40,428	12	54
	（2012 年）	6,048	2	92

出所：農林水産省大臣官房国際部『WTO 交渉について』2016 年。

表 12-2　農業所得に占める直接支払（A）、農業生産額に対する農業予算（B）

（単位：%）

	A			B
	2006 年	2012 年	2013 年	2012 年
日　　本	15.6	38.2	＊30.2	38.2
米　　国	26.4	42.5	35.2	75.4
スイス	94.5	112.5	104.8	―
フランス	90.2	65.0	94.7	44.4
ドイツ	―	72.9	69.7	60.6
イギリス	95.2	81.9	90.5	63.2

出所：　鈴木宣弘、磯田宏、飯國芳明、石井圭一による。
注：　＊は 2016 年の値。

　EUは価格支持から直接支払に転換したのだという指摘もあるが、これは間違いである。実際には、価格支持水準を引き下げた分を直接支払に置き換えて、価格支持政策と直接支払それぞれの利点を活かして使い分けているだけである。つまり、「価格支持→直接支払」ではなく、「価格支持＋直接支払」に移行したというのが正しい。

　一方、日本は価格支持をほぼ全廃しても、直接支払はまだ十分に増えていない。各国の農業所得に占める直接支払の割合を比較した表12-2を見てみると、2013年に日本は30％程度でかなり低いが、フランスとイギリスは90％以上、スイスは100％を越えている。100％を超える理由は、市場での販売収入では肥料・農薬代にもならないので、補助金で経費の一部を払った残りが所得となっているからである。た

表12-3　日本・フランスの品目別農業所得の補助金率（%）

	平均		耕種		野菜		果物		酪農		肉牛		養豚		養鶏	
	2006	2014	2006	2014	2006	2014	2006	2014	2006	2014	2006	2014	2006	2014	2006	2014
日　本	16	39	45 (12)	146 (61)	7	15	5	8	32	31	17	48	11	12	23 (12)	15 (10)
フランス	90	82	122	194	12	26	32	48	92	76	146	179	－	108	－	49

出所：日本は「農業経営統計調査」「営農類型別経営統計（個別経営）」を用いて鈴木宣弘とJC総研客員研
　　　究員姜薔さんが計算．フランスはRICA (2006) SITUATION FINANCIÈRE ET DISPARITÉ DES RÉSULTATS
　　　ÉCONOMIQUES DES EXPLOITATIONS、Les résultats économiques des exploitations agricoles en 2014 か
　　　ら鈴木宣弘作成。
注：　日本の耕種の（　）外は水田作、（　）内は畑作。日本の養鶏の（　）外は採卵、（　）内はブロイラー。

とえば「販売100−経費110＋直接支払20＝所得10」となる場合、「直接支払÷所得＝20÷10＝200％」となる。このように、日本は価格支持も直接支払も少ないので、農業生産額に対する農業予算の比率は38％と、かなり低くなっている。

　さらに驚くべきは**表12-3**だ。フランスの小麦経営は200〜300ha規模が当たり前だが、そんな大規模穀物経営でも、所得に占める直接支払の割合は100％を超えるのが常態化している。フランスでは、肉や酪農などの重要品目だけでなく、すべての農業部門で日本よりもはるかに高い割合が補填されている。日本では補助金率が極めて低い野菜・果樹でも、フランスでは約26％が補助金なのにも驚く。

13.　日本は関税撤廃の「優等生」
──不公平な取引に甘んじるのか

　国境での価格支持にあたる関税はどうだろうか。日本は関税についても世界に率先して削減を推し進めてきた結果、平均関税では世界的にかなり低い水準になっている。UR合意実施期間直後の2000年時点の平均関税率（タリフライン別関税率の単純平均）は、日本は11.7％と、

表 13-1　主要国の農産物・乳製品の関税率（2017 年）

（単位：%）

	農産物		乳製品	
	単純平均	加重平均	平均	最高税率
日　　　本	13.3	12.9	63.4	546
韓　　　国	56.9	85.5	66.0	176
Ｅ　　　Ｕ	10.8	8.7	35.9	189
ス　イ　ス	35.2	28.3	154.4	851
ノルウェー	42.1	28.6	122.6	443
米　　　国	5.3	4.0	18.3	118
カ　ナ　ダ	15.7	14.7	249.0	314
豪　　　州	1.2	2.4	3.1	21
ニュージーランド	1.4	2.3	1.3	5

出所：　World Tariff Profiles 2018.
注：　MFN（最恵国待遇）税率。加重平均は 2016 年の値。

米国の5.5％よりも高いが、EUの19.5％のほぼ半分になっている。日本のこんにゃくは1700％とか強調されることも多いが、そうした高関税品目はごくまれである。野菜の多くはそもそも無関税か３％程度で、そのような低関税品目が日本の農産物全体の約９割を占めている。

　諸外国の関税はどうだろうか。たとえば、カナダは穀物を中心として農産物輸出大国であるから、関税も低いと思い込んでいる人が多いと思うが、**表13-1**のとおり、2017年の平均関税は15.7％と、日本の13.3％やEUの10.8％よりも高い。しかも、カナダが徹底して守る姿勢を崩さない酪農については、平均249％という高関税が堅持されている。

　３章でも述べたように、国民のための最低限の食料確保は国家の最重要の責務である。したがって、そのために行われる輸出規制などの措置は、現実的には禁止できない。それと同様に、基礎食料の最低限の自給率を維持するための保護措置も、国民を守るための正当な行為だと言える。だから、諸外国では乳製品などの非常に高い関税率をかたくなに維持しているのである。

14. 安さの代償——日本が危険な食品の受け皿に

国民の食料の量を確保するだけでなく、安全性の確保も重視した国境措置を展開しているのがEUである。

たとえば米国からの牛肉の禁輸措置がその代表的な例である。EUは、成長ホルモン投与の可能性を排除できない米国からの牛肉輸入を全面的に禁止し、豪州産を輸入している。米国はそれに激怒して、2019年にも新たな報復関税の発動を表明したが、EUはそうした脅しにも負けていない。

実は米国でも数年前から、発がん性が懸念される成長ホルモンを牛の肥育時に投与しない「ホルモン・フリー牛肉」やオーガニックの牛肉の需要が伸びている。それらは通常の牛肉の4割ほど高値になるというが、経済的に余裕がある層を中心に需要が定着しつつあるという。

その一方、生産効率が良くて安価なホルモン投与牛肉は、日本が格好の売り先になっている。日本国内での成長ホルモン投与は認可されていないが、輸入肉についてはごくわずかなモニタリング調査だけで入っており、しかもサンプルを取った後はそのまま通関され市場に出ていて、実質的にはほとんど検査なしで通過している。札幌の医師が調べたら、米国産の赤身牛肉からは成長ホルモン（エストロゲン）が国産の600倍も検出されたという。

しかも、日本は日米貿易協定によって、牛肉の受け入れの間口を大幅に広げた。その結果、米国からの牛肉輸入量は、同協定が発効した2020年1月だけで1.5倍に急増している。値段は安いが、安全性が保証されない牛肉がすでに大量に入っているが、日本の消費者はそれを知らずに買っている。

豪州産は安全かというと、日本では豪州産でもリスクがある。豪州

は、ホルモン投与肉を禁輸しているEU向けには投与しないが、輸入基準のゆるい日本向けには投与する可能性があるからだ。最近では米国でも、EU向けの牛肉には成長ホルモンを投与せずに輸出しようという動きがあると聞いている。

　乳製品についても同様の問題がある。米国では乳牛にrBSTという乳量増加ホルモン剤が投与されることが問題となっているが、消費者運動の結果、ウォルマート、スターバックス、ダノンなどが次々とrBSTフリーを宣言した。rBSTとは遺伝子組換え技術によってつくられるホルモン剤であり、EUはrBST投与牛由来の乳製品も禁輸しているが、日本には何ら規制がなく輸入されている。つまり、米国内でも締め出されつつある乳製品が、はけ口のように日本へ輸出されている。

　また、米国の小麦農家は、日本向けの小麦には発がん性が疑われる除草剤（グリホサート）を直接散布して収穫し、輸送時には、日本で収穫後散布が禁止されている防カビ剤（イマザリル）を噴霧して、「これは日本人が食べる分だからいいのだ」と言っていたという（米国へ研修に行っていた日本の複数の農家が語ってくれた）。

　グリホサートは日本でも使用されている除草剤だが、日本ではそれを作物ではなく雑草にかけている。農民連分析センターの検査によれば、日本で売られているほとんどの食パンからグリホサートが検出されているが、国産や十勝産、有機小麦と書いてある食パンからは検出されていない。しかも、米国の要請で日本は小麦のグリホサートの残留限界値を2017年12月以降6倍にゆるめたから、今後の検出値はもっと高まるだろう。

　また、米国が散布するイマザリルは、日本では「食品添加物」に分類されて容認されている。輸入レモンの防カビ剤表示義務についても日米交渉で撤廃が決まりつつある。残念ながら、日本人の命の基準値

は米国の必要使用量から計算されている。

　成長ホルモン、除草剤、防カビ剤などで発がんリスクの懸念がある食料が、基準のゆるい日本を標的に入ってきている。だが、国産の小麦に除草剤はかけていないし、牛に成長ホルモンは投与されていない。メッセージは明快だ。国産の安全・安心なものを食べることである。世界的に安全基準が厳しくなる中で、日本だけが逆行して基準をゆるめ続けたら、日本はますます格好の標的にされるだろう。

　貿易自由化は、農家が困るだけで、消費者にはメリットだというのは大間違いである。貿易自由化は安さ最優先の競争を激化させ、切るコストがなくなると、目には見えない安全性のコストが削られている。安いものには必ずワケがある。

　食料は量や値段だけが重要なのではない。食と病気は不可分の関係にあり、食料に安さだけを追求することは、命を削ることと同じである。次の世代に負担を強いることにもなるだろう。そのような覚悟があるのかどうか、消費者も生産サイドもぜひ考えてほしい。

15.「国産プレミアム」を提案する（1）
——PSEの欠陥を正すために

　これまで様々なデータで説明してきたように、日本の農業の保護度は低く、農業市場はすでにかなり開放されている。とはいえ、野菜をはじめとして、関税が低く、そもそも国内支持のない品目でも、実際にはかなりの内外価格差が見られる場合がある。

　たとえば、生乳（未処理乳）の関税は従来から21.3％と低いので、仮に中国から輸入すれば、中国の生乳価格20円（1キロ当たり）に、九州までの輸送費10円と関税7円を足して、理論的には37円程度で輸

入できる。しかし、現在のところ生乳の輸入はなく、九州の飲用乳価は約90円なので、50円以上の内外価格差が存在している。

このように低関税や無関税の品目にも大きな内外価格差がある場合、OECD（経済協力開発機構）では、その金額をすべて「農業保護の証」だとみなしている。

具体的には、OECDは農業保護の度合いを示すPSE（生産者支持推定量）という指標を国別に発表している。その計算方法は、

PSE＝MPS×生産量＋財政支出

ここで、MPS（市場価格支持）とは内外価格差のことである。つまり、

MPS＝国内生産者価格－輸入CIF価格

また、財政支出は農家への直接支払のことである。

すなわち、理論的には、もし政策介入がなければ、生産者の所得は国境価格評価の農業生産額と一致するはずである。現実には国内価格は政策介入以外の要因にも左右されうるため、完全に一致することはないであろうが、少なくとも政策介入が小さくなれば、生産者の所得は国境価格評価の農業生産額に近づくと考えられる。したがって、PSEを見れば、政策介入によって各国の農業がどの程度保護されているかが示されるとOECDは見ている。

このPSE指標によれば、たとえば2003年の日本の農業保護額は約5兆2千億円、その9割以上がMPSであり、2017年でも4兆8千億近い保護があり、その8割以上がMPSということになっている。こうした数字が日本の農業保護度の高さを示す「証拠」のように広く用いられている。

しかし、本書でこれまで述べてきたように、日本の多くの農産物の

関税は低いし、価格支持もほぼないのは事実である。したがって、内外価格差があっても、それをすべて農業保護のせいだとするのは無理があるのではないだろうか。

ならば、低関税で農業保護度も低い野菜などに大きな内外価格差が生じているのは一体なぜか、その原因を明らかにする必要がある。

その場合、「国産が高いのは品質が良いからだ」という議論には説明不足な点がある。というのは、生乳はもとより、ネギやタマネギなど輸入品との品質格差が消費者にとって必ずしも明確でない品目にも、実際には大きな内外価格差があるからである。

だが、見かけ上の品質格差はなくても、日本の消費者は一般的に産地に対して敏感で、安い輸入品があっても国産品を好んで選ぶことが多々ある。つまり、輸入品への安全性などに対する漠然とした不安感や、国産への安心感から、国産や地場産の農産物には一種の「ブランド力」が発生する場合がある。このブランド力とは、品質と無関係ではないが、むしろ品質に対する消費者の「信頼感」と密接な関係がある。すなわち、日本の農業関係者の品質改善努力を含めた様々な経営努力に由来するものだということに、多くの人が首肯してくれるのではないだろうか。

したがって、図15-1で図解しているように、日本のコメなどのように高関税で輸入がほとんど生じない品目については、関税部分をMPSとするのは妥当と思われるが、野菜のように低関税か無税の品目で内外価格差が生じる場合、その本当の原因の一つとして筆者らが提唱するのは「消費者の国産に対する信頼」である。これを「国産プレミアム」と呼ぶことにする。国産プレミアムは、もし関税や非関税障壁がなくなってもある程度残る価格差であり、農業保護の結果ではない。この国産プレミアムの大きさを定量化することができれば、

図15-1　PSEにおける市場価格支持（MPS）と関税、国産プレミアムの関係

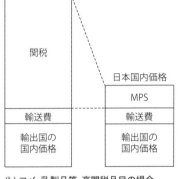

(a) 野菜等、低関税品目の場合
※ 低関税で価格支持もない場合、内外価格差には国産プレミアムを含む可能性があるので、すべてをMPSに算入するのは問題がある。

(b) コメ、乳製品等、高関税品目の場合
※ 高関税のため輸入がほとんどなく、国内需給のみで形成された国内価格が輸入価格より低い場合、関税部分をMPSとするのは妥当である。

出所：鈴木宣弘作成。

PSEのような単純で納得のいかない指標を改善することもできるのではないだろうか。

16.「国産プレミアム」を提案する（2）──その計測方法

　国産プレミアムの大きさは、たとえば次のような方法で計算してはどうだろう。

　仮に、スーパーで国産のネギ1束が158円、外国産が100円で並べて販売されている場合、これを、158円の国産ネギに対して外国産が58円安いとき、日本の消費者はどちらを買っても同等だと判断していると解釈すれば、この58円分が国産プレミアムの金額と考えられる。あるいは、外国産ネギ価格に対する比率58％を国産プレミアムと定義することもできる。

　ただし、上記のような計算は国産と輸入品とがあるネギなどでは可能だが、飲用牛乳のように輸入がなく、比較できる輸入品価格が存在しない品目の場合には、アンケート調査を活用する方法もある。

　たとえば、福岡市で行われたある消費者アンケート調査の結果（図師、2004）では、「標準的な品質の国産の飲用牛乳の小売価格が1リットル当たり180円であるとき、仮に同等の品質の輸入品がいくらなら買うか」という質問への回答金額を平均すると、韓国産なら94.5円、中国産なら72.9円となった。この場合、180円の標準的な品質の牛乳の国産プレミアムは、韓国産との比較では85.5円（韓国産価格に対する比率で90.4％）、中国産との比較では107.1円（中国産価格に対する比率で147.0％）となる。

　以上のように、もし内外価格差の大部分が農業保護の結果ではなく、本当は国産プレミアムなのであれば、PSE指標の単純な比較によって農業保護水準が高いとか、不公正な非関税障壁が多いなどとは言えなくなるだろう。

17. 「国産プレミアム」を提案する（3）──試算例と国際比較

　つぎに、PSEデータから国産プレミアムの分離を試みた筆者（安達）による分析を紹介しよう。具体的な試算方法は、対象品目毎に、MPSの関税部分をつぎの式で算出する。

　　　　　MPSの関税部分＝国際価格×従価税率（％）×国内生産量

または重量税の場合は、

　　　　　MPSの関税部分＝従量税率（円/kg）×国内生産量

これをMPSから差し引いた残りの金額を国産プレミアム部分として分離する。つまり、

国産プレミアム＝MPS−MPSの関税部分

　試算の対象品目は、小麦、大麦、コメ、砂糖、大豆、乳製品、牛肉、豚肉、鶏肉、鶏卵、リンゴ、キャベツ、キュウリ、ブドウ、ミカン、ナシ、ホウレンソウ、イチゴ、ネギの19品目とする。財政支出は、生産、投入財の使用、作付、頭数、農業収入全体、過去の実績などに基づく農家への直接支払額の合計である。

　2017年のデータを用いて品目別に国産プレミアムを分離し、合計した試算結果が**表17-1**である。19品目合計の日本のPSEのうち、74％が関税部分、7％が国産プレミアムとなっている。

　表には示していないが、品目別に見ると、関税率の低い野菜や果物などでかなり大きな国産プレミアムが計測されている。しかし、コメや乳製品、豚肉などの高関税品目では国産プレミアムは存在せず、内外価格差はすべて関税によってもたらされていると考えられる。とりわけコメはPSEが1兆3,400億円と非常に大きく、対象品目合計のPSE

表 17-1　日本の国産プレミアム試算結果（2017 年）

	19品目		コメを除く 18 品目	
	金額（億円）	構成比（％）	金額（億円）	構成比（％）
PSE 総額	47,671	100	30,336	100
MPS（市場価格支持額）	38,652	81	22,315	74
関税部分	35,125	74	18,290	60
**　国産プレミアム部分**	**3,528**	**7**	**4,025**	**13**
財政支出（直接支払）	9,020	19	8,022	26

出所：安達英彦による試算。
注：計算対象品目は小麦、大麦、コメ、砂糖、大豆、乳製品、牛肉、豚肉、鶏肉、鶏卵、リンゴ、キャベツ、キュウリ、ブドウ、ミカン、ナシ、ホウレンソウ、イチゴ、ネギの 19 品目。農業総生産額に占める割合は全 19 品目で 66％、コメを除く 18 品目で 38％である。

の約28％を占めている。コメに次いでPSEが大きいのは乳製品と豚肉
だが、それぞれ約4,200億円、約3,900億円と、コメに比べれば半分以
下である。その他の品目では、牛肉、大麦、砂糖、鶏肉、鶏卵の5品
目には国産プレミアムが存在せず、大豆と小麦については内外価格差
そのものがゼロである。野菜・果物については関税率もすでに低いが、
EPA（経済連携協定）を締結しているASEAN（東南アジア諸国連合）
などとの間で多くの品目で関税が撤廃され、リンゴ、キャベツ、キュ
ウリ、ネギ、ナシ、ブドウ、イチゴ、ホウレンソウは無税であるため
MPSがすべて国産プレミアムとなっている。ミカンは関税率が低い
ので、国産プレミアムは比較的大きい。

　以上のように、国産プレミアムを考慮しても、19品目合計での関税
部分は74％となり、小さくはないと言える。だが、品目数が19品目と
少なく、中でも高関税のコメがPSEの約28％という大きなシェアを占
めることが影響している可能性があるので、コメを除く18品目で再試
算してみる必要がある。コメを除くと農業総生産額に占める計算対象
品目の生産額シェアは約38％と、かなり低くはなるが、PSEに算入さ
れている品目数が多くはない中でコメのシェアが突出して大きいこと
には問題があり、コメを除いた試算は妥当と考えられる。

　コメを除いた再計算の結果は、PSEの60％が関税部分、13％が国産
プレミアムとなり、関税部分はかなり低下することがわかる。

　米国、EU、韓国について同様の試算を行った表17-2を見てみよう。
この3カ国の中では、日本のMPS（81％）は韓国（88％）に次いで
高い。国産プレミアムを差し引いても、日本の関税部分は3カ国の中
では突出して高くなっている。

　米国やEU、豪州は、近年では市場歪曲度の高い措置を直接支払に
転換することによってPSEの関税部分を大きく低下させてきた。たと

表 17-2　諸外国の国産プレミアム試算結果（2017 年）

	米国		EU		韓国	
	金額（億円）	構成比（%）	金額（億円）	構成比（%）	金額（億円）	構成比（%）
PSE 総額	39,500	100	83,379	100	27,781	100
MPS（市場価格支持額）	11,161	28	17,581	21	24,504	88
関税部分	10,119	26	14,060	17	13,133	47
**　国産プレミアム部分**	**1,042**	**3**	**3,522**	**4**	**11,371**	**41**
財政支出（直接支払）	28,339	72	65,798	79	3,277	12

出所：安達英彦による試算。

注：計算対象品目は、米国はトウモロコシ、小麦、大麦、ソルガム、コメ、砂糖、大豆、乳製品、牛肉、豚肉、鶏肉、羊肉、羊毛、鶏卵、綿花、飼料の 16 品目（農業総生産額に対する割合 77%）、EU はトウモロコシ、大麦、コメ、砂糖、菜種、ヒマワリ、大豆、乳製品、えん麦、牛肉、羊肉、豚肉、鶏肉、普通小麦、鶏卵、デュラム小麦、ジャガイモ、トマト、ワインの 19 品目（農業生産額に対する割合 69%）、韓国は大麦、コメ、大豆、乳製品、牛肉、豚肉、鶏肉、鶏卵、ニンニク、トウガラシ、白菜の 11 品目（農業生産額に対する割合 60%）。

えばEUは、域内市場価格を国際価格より高く設定して過剰生産分を輸出補助金による輸出で処理していたが、1992年以降は支持価格を引き下げ、その分を財政による農家への直接支払で補っている。これは関税や価格支持による消費者負担型支援から直接支払による財政負担型支援への転換であり、その結果、EUの小麦は輸出補助金や関税がなくても米国産に対抗できるようになった。つまり、価格支持を減らした分を直接支払に転換しており、農業保護自体を減らしたわけではない。日本ではこのような直接支払への転換が大きく遅れている。

　なお、米国やEUの国産プレミアムの試算結果は、米国３％、EU４％ときわめて小さい。また、表には示していないが、日本では19品目のうち10品目に国産プレミアムが存在したのに対して、米国では３品目（砂糖、羊肉、羊毛）、EUでは４品目（コメ、鶏肉、普通小麦、デュラム小麦）と、ごく少数の品目に限られていた。一方、韓国の国産プレミアムは41％と、非常に高くなっている。したがって、韓国の本来のMPS比率は約88％と日本よりも高いが、ここから国産プレミアムを差し引くと、関税部分は47％と、日本よりも大幅に低くなる。

　以上の結果は、比較的大きな国産プレミアムの存在が日本や韓国の農産物の大きな特質である可能性を示唆している。したがって、内外価格差をそのまますべて農業保護の結果とするPSEをもって、関税への依存度が高いと判断するのは早計である。実際に、日本では野菜類ですでに中国や韓国との国際競争が始まっているが、生産費の高い国産野菜が低関税で競争できているのは、国産プレミアムが生産費格差を相殺する大きさであるからだと考えられる。こうした視点で各国の国産プレミアムのデータを整備し、農業保護の国際比較指標を再検証する必要があろう。

18.　食料自給率を議論しよう（1）
——食料安全保障の指標たりうるか

　これまで説明してきたように、欧米諸国の自給率・輸出力の高さは、手厚い農業保護の結果である。逆に、日本の農業保護度は決して高くないどころか、世界的に最も自力で競争しているのが日本の農業の本当の姿である。そのため、日本の食料自給率は、今や先進国の中で群を抜いて低い37％にまで落ち込んでいる。

　食料自給率が4割を切っているということは、日本は実に6割以上も輸入食料に依存していることになる。これは、海外に1,250万ha程度の農地を借りて、そこで生産したものを輸入して日本の食が成り立っているようなものである。だが、日本国内の農地面積は465万ha程度であり、現時点の日本の人口と国土条件の下で、現在の食生活を前提にするならば、国産だけで食料自給率を100％にするのはほぼ不可能だと思われる。高い食料自給率が簡単に実現可能であれば高いに越したことはないが、これまで何度も引上げ目標が掲げられ、いつも

「絵に描いた餅」に終わってきた。

　しかし、3章などでも議論したように、国際農産物市場で何らかの混乱が生じると、輸出規制などにより価格高騰や輸入困難な事態がおきやすくなっているので、少なくとも数年間をしのげるような体制を各国が備えておく必要がある。現実的には、国産と輸入をどのように組み合わせれば、最も低いコストで、不測の事態への備えとして大きな効果が得られるか、といった視点が重要になる。

　こうした不測の事態における食料確保を考えるベースは、あくまで「カロリーベース」の自給率の向上である。「カロリーベースの自給率を重視するのは間違いだ」という一部の農水省幹部の声もあるが（菅、2020）、生産額ベースとカロリーベースには、それぞれに異なる有用なメッセージがある。

　生産額ベースの自給率が高くなることは、日本農業が付加価値の高い品目の生産に努めているという経営努力の指標として意味がある。

　一方、「輸入がストップするような不測の事態において、国民に必要なカロリーをどれだけ確保できるか」が、国民の命を守る国の責務からの視点だと考えると、重視されるべきはカロリーベースの自給率である。だから、カロリーベース自給率に代わる指標として、諸外国では飼料分も含む穀物自給率が重要な指標になっている。

　日本では、「輸出型の高収益作物に特化して大きな儲けを出しているオランダ方式が日本の良い手本だ」と言ってもてはやす人がいるが、本当にそうだろうか。一つの視点は、オランダ方式はEUの中でも特殊だという事実である。「オランダ方式はEUの中で不足分を調達できるからこそ可能」との指摘もあるが、それならばEU内にもっと穀物自給率の低い国があってもおかしくないのに、そうはなっていない。EUに依存するのは不安なので、各国が国内自給に力を入れている。

むしろ、オランダが「いびつ」なのである。

　オランダ型農業の最大の欠点は、園芸作物だけでは不測の事態において国民にカロリーを供給できない点である。日本でも、高収益作物に特化した農業を目指すべきとして、サクランボを事例に持ち出す人がいるが、命をつなぐ必需品をまず確保する観点からは、畜産のベースとなる飼料も含めた基礎食料の確保がまずは不可欠である。

　また、今回の議論にからんで、「では野菜の種はどう考えるか」といった問題提起もあった。筆者も以前から、「野菜の種子の９割が外国の圃場で生産されていることを考慮すると、自給率80％と思っていた野菜も、種まで遡った自給率は８％（80×0.1）になる」と指摘してきた。

　さらに、コロナ・ショックの影響で、農家では海外研修生の減少などで人手が足りなくなっている地域も出てきた。日本農業が海外からの研修生に支えられていて、その方々の来日がストップすると、野菜などを中心に農業生産を大きく減少させる危険性が顕在化している。

　このように、食料自給率を考えるうえで、生産資材や生産要素をどこまで遡るかという議論は、食料安全保障の議論をより深めるための非常に重要な論点である。

19. 食料自給率を議論しよう（2）——新しい「国産率」の活用

　2020年３月、農政の中長期のビジョンとなる新たな「食料・農業・農村基本計画」（以下「基本計画」と呼ぶ）が閣議決定された。基本計画は「食料・農業・農村基本法」に基づき５年ごとに策定されており、今回が５回目の策定となる。

　今回の新しい基本計画のポイントの一つは、「食料国産率」と名づけられた新しい自給率指標の設定である。食料国産率とは、飼料自給

率を反映しない食料自給率であり、従来用いられてきた食料自給率の値よりも必然的に高くなる。

　これを巡っては、「従来の自給率目標45％の達成が難しいから、飼料の部分を抜いて、数字上だけ自給率を上げるのがねらいではないか」という批判を含めて、様々な議論を呼んだ。自民党の農業基本政策検討委員会や、農水省の食料・農業・農村政策審議会の企画部会では、「飼料増産に水を差さないように」との指摘も出た。

　また、「農畜産物の生産においては、飼料に限らず種苗など輸入に依存するものが多いが、たとえば、野菜の自給率は種の自給率を考慮していない。つまり、飼料自給率を考慮しない畜産物の自給率という指標もあってよいのではないか」、「（飼料の部分を反映しないと）購入飼料を多く使う都府県の生乳生産が自給率に反映されやすくなる」といった意見もある。

　こうした意見も踏まえて、新しい「食料国産率」の評価と活用方法についての筆者の視点を提示したい。

　食料自給率の設定は、従来のカロリーベースと生産額ベースの２本立てに加えて、今後はそれぞれが、今回導入される食料国産率と、従来からの食料自給率（飼料自給率を反映した自給率）との２本立てになる。

　まずカロリーベースの食料国産率の定義を確認すると、

　　　食料国産率＝国産供給食料÷供給熱量

ここで、

　　　国産供給食料＝国産純食料×単位カロリー
　　　供給熱量＝純食料×単位カロリー

表 19-1　国産食料率と食料自給率の比較（2018 年）

（単位：%）

	国産食料率 (A)	食料自給率 (B)	飼料自給率 (B/A)
畜　産　物	62	15	24
牛乳・乳製品	59	25	42
牛　　　肉	43	11	26
豚　　　肉	48	6	13
鶏　　　卵	96	12	13

出所：農林水産省公表データ。

　この食料国産率を使って、従来の食料自給率を簡潔に示せば、

　　　食料自給率＝食料国産率×飼料自給率

　以上の食料国産率と食料自給率の2つの数値を併記してみると、飼料の輸入依存による影響の大きさを認識しやすくなる。**表19-1**は、農水省が示した2018年度の数字である。最も差が大きい鶏卵で見ると、鶏卵の96％が国産だが、飼料の自給率が13％程度であるため、食料自給率ではわずか12％程度であり、輸入飼料がストップすれば大変なことになる。生産安定のためには、飼料をもっと国内で供給できるような体制整備が必要であることを実感できる。

　つまり、食料国産率の今後の活用方法としては、特に酪農・畜産の個別品目について両者を併記することで、酪農・畜産農家の生産努力を評価する側面と、遅々として進まない飼料自給率向上にもっと抜本的なテコ入れをする必要性を確認する側面、この両方を提示する指標にすることではないだろうか。

20.　終章——データ分析を重視する意味

　本書では、様々な数値データや分析結果を使って議論を展開してきた。もちろん、数字ばかりに頼りすぎるのは逆に危険だが、こと農業に関しては、何十年も昔のままのイメージや単なる先入観から、事実とは全く異なる農業過保護論が長らく定着している。その結果、不当なバッシングが起こったり、間違った認識の下に重要な政策判断がなされることも起きている。客観的なデータによって、現実の農業の姿を見ることが重要である。

　「自由貿易」という言葉のイメージにも、我々は惑わされがちである。自由という響きの良さとはうらはらに、実際の市場では、自由化が進めば進むほど不公平な貿易が助長されている。たとえば、TPPの日米合意は日本にとって対等でもなく自由でもなく、日本の食料安全保障を外国の支配下に置き、自由を奪われる協定だと言っても過言ではない。米国はしばしば"level the playing field（対等な競争条件を）"と言うが、実態は、米国だけが自由に利益を得られる仕組みを作り上げている。

　また、豪州は広大な農地に恵まれた農業大国であるから、世界で最も農業保護が少ないイメージがあると思うが、実際には豪州でさえも、驚くべきカラクリで「隠れた」輸出補助金を使っている。WTOによる輸出補助金の定義は曖昧なので、今後も多額の「隠れた」輸出補助金が温存されるが、他方で関税の定義は明確なので、輸入側には徹底した関税削減要求が突きつけられる。したがって、目下の世界的な自由貿易の進展は、不平等な貿易を増やし、国際農産物市場を不安定化させ、食料危機を引き起こす根本的な要因にもなっている。それらの事実は、実際のデータで分析してみればはっきりとわかる。

　本書では、これまでデータがなかったため明らかにされてこなかったいくつかの問題についても、定量化の方法を提案し、解決の糸口を示した。たとえば、「隠れた」輸出補助金の仕組みと金額的な大きさを検証し、輸出国側の農業保護が過小評価されている実態を明らかにした。

　他にも、国産プレミアムという、国産食料への消費者の信頼という価値の定量化にも取組んだ。国産プレミアムを計測して価格から分離して示せば、「国産は高くて」という消費者も、新鮮な国産野菜が身近にある幸せを日頃から無頓着に受け取っていたことに気づくだろう。

　こうしたデータや事実を見て、国民一人一人がどう判断するかということである。国民の理解なくして補助金は支払われるべきではないが、食料生産への補助金は、国民全体への食を確保し、みんなが豊かに暮らすためにあるということに、十分な理解が得られているだろうか。補助金がまだ農家のエゴだと思われているとすれば、国民に対する説明の方法を変えていかなければならない。

【参考文献】

安達英彦・鈴木宣弘（2006）「輸出国の「隠れた」農業保護の計量──様々な輸出補助金相当額」『九州大学大学院農学研究院学芸雑誌』61（1）、pp.133-143。

荏開津典生（1987）『農政の論理をただす』農林統計協会。

大江正章（2001）『農業という仕事──食と健康を守る』岩波ジュニア新書。

小林弘明（2005）「国内保護が転化した輸出補助──EUの砂糖、インドのコメ・小麦の事例」2005年10月6日農林水産政策研究所特別研究会資料。

菅正治（2020）『平成農政の真実──キーマンが語る』筑波書房。

図師直樹（2004）『牛乳の商品特性に対する消費者評価分析』九州大学卒業論文。

鈴木宣弘・木下順子（2001）「輸出国家貿易機関による市場歪曲性の計測手法の開発──隠れた輸出補助金に相当する価格差別による歪曲度の計測」『農業市場研究』日本農業市場学会10、pp.21-29.

藤井俊明（2005）「オーストラリア小麦ボードの輸出補助金相当額の計測」九州大学卒業論文。

安田尭彦（2011）『ベトナムのコメ市場の不完全競争性についての産業組織論的分析』東京大学大学院農学生命科学研究科修士論文。

Chamrong, H.C., N. Suzuki（2005）"Characteristics of the Rice Marketing System in Cambodia," *Journal of the Faculty of Agriculture Kyushu University*, 50（2）pp.693-714.

Kinoshita, J., N. Suzuki, H.M. Kaiser（2006）"The Degree of Vertical and Horizontal Competition Among Dairy Cooperatives, Processors and Retailers in Japanese Milk Markets," *Journal of the Faculty of Agriculture Kyushu University*, 51（1）pp157-163.

著者略歴

安達 英彦（あだち　ひでひこ）
1978年長崎県生まれ。2006年九州大学大学院生物資源環境科学府博士後期課程修了。博士（農学）。現在、東京大学大学院農学生命科学研究科農学特定支援員。論文に、「改正畜安法下における酪農生産者組織の機能強化方策の検討」（共著、『共済総合研究』78、2019年）など。

鈴木 宣弘（すずき　のぶひろ）
1958年三重県生まれ。1982年東京大学農学部卒業。農林水産省、九州大学教授を経て、2006年より東京大学教授。98〜2010年（夏季）コーネル大学客員教授。専門は農業経済学。国際学会誌Agribusiness 編集委員長。『食の戦争』（文藝春秋、2013年）、『悪夢の食卓』（角川書店、2016年）、『牛乳が食卓から消える?』（筑波書房、2016年）、『亡国の漁業権開放』（筑波書房、2017年）等、著書多数。

筑波書房ブックレット　暮らしのなかの食と農　㉒

日本農業過保護論の虚構

2020年7月14日　第1版第1刷発行

著　者　　安達 英彦・鈴木 宣弘
編集協力　エイベック・ラボ
発行者　　鶴見治彦
発行所　　筑波書房
　　　　　東京都新宿区神楽坂2-19 銀鈴会館
　　　　　〒162-0825
　　　　　電話03（3267）8599
　　　　　郵便振替00150-3-39715
　　　　　http://www.tsukuba-shobo.co.jp

定価は表紙に示してあります

印刷／製本　平河工業社
©Hidehiko Adachi, Nobuhiro Suzuki 2020 Printed in Japan
ISBN978-4-8119-0577-8 C0061